NOTES MÉDICALES

SUR

L'ANCIENNE FLANDRE

(V)

Par M. A. FAIDHERBE,

Membre titulaire de la Société d'Émulation
de Roubaix,
et de la Société Anatomo-Clinique de Lille.

LILLE,
AU BUREAU DU *JOURNAL DES SCIENCES MÉDICALES*,
56, RUE DU PORT.

1892

DU MÊME AUTEUR

Les Médecins des Pauvres et la Santé Publique en Flandre et particulièrement à Roubaix. — Roubaix, 1889.

Notes médicales sur l'Ancienne Flandre.
I. — Les Hôpitaux. — Lille, 1889.
II. — Les Médecins des Princes. III. — Les Apothicaires. — Lille, 1890.

Notes sur la Médecine à Béthune avant 1789. — Roubaix, 1891.

Notes Médicales sur l'Ancienne Flandre.
IV. — Les Accouchements en Flandre avant 1789. (Mémoire de candidature au titulariat de la Société Anatomo-Clinique). — Lille, 1891.

Les Médecins et les Chirurgiens de Flandre avant 1789. (Sous presse).

Répertoire biographique et bibliographique des Médecins flamands. (Inédit).

NOTES MÉDICALES

SUR

L'ANCIENNE FLANDRE

(V)

Par M. A. FAIDHERBE.

Membre titulaire de la Société d'Émulation
de Roubaix
et de la Société Anatomo-Clinique de Lille.

LILLE,
AU BUREAU DU *JOURNAL DES SCIENCES MÉDICALES*,
56, RUE DU PORT.

1892.

NOTES MÉDICALES

SUR

L'ANCIENNE FLANDRE

Par Alexandre FAIDHERBE.

TRADITIONS RELIGIEUSES DU CORPS MÉDICAL (1).

Les anciennes Facultés de Médecine, fondées le plus souvent par des écoles monastiques, ou instituées par des bulles pontificales, avaient reçu à leur origine des coutumes religieuses qui se perpétuèrent jusqu'à la Réforme et, dans nos pays restés catholiques, jusqu'à la Révolution. C'est ainsi qu'elles ont honoré la Sainte Vierge, d'une manière toute spéciale et qu'elles ont choisi, comme patron, l'évangéliste saint Luc qui, d'après les auteurs sacrés, avait été tout à la fois médecin et artiste. M. le docteur Dauchez, dans une étude, publiée l'année dernière (2), a montré que la dévotion à saint Luc avait été générale dans les Facultés françaises et que plusieurs institutions étrangères de même ordre avaient conservé l'habitude de fêter le 18 octobre (3).

---

(1) Travail communiqué à la Société de Saint-Luc, Saint-Côme et Saint-Damien (Comité de Paris).

(2) *Saint Luc, patron des anciennes Facultés de Médecine*, Paris, 1891.

(3) La Faculté de médecine de Louvain, ne dérogeait pas à cette règle, comme le montre le passage suivant des nouveaux statuts, adoptés par le corps professoral après 1476.

« Item volumus et statuimus ut omnes domini, qui sunt Facultatis medicinæ, in feriis divi Lucæ conveniant ad templum divi Petri hora decima, ubi decenter et reverenter sacrum audiant, et eo finito ad prandium ibunt,

Au contraire, saint Côme et saint Damien n'avaient pas droit de cité dans les Facultés : seule celle de Poitiers les avait placés sur son sceau et sur la masse du bedeau. C'étaient en effet les patrons particuliers des chirurgiens et, comme ceux-ci ne recevaient pas leur instruction dans les Facultés, il s'ensuivait naturellement que leurs protecteurs n'y étaient pas vénérés. En revanche, les diverses créations, réservées à ces praticiens, se mettaient ordinairement sous la protection des saints Anargyres, comme fit l'école des chirurgiens de Paris, connue sous le nom de Faculté de Saint-Côme.

Les médecins et les chirurgiens de Flandre avaient adopté les mêmes patrons que ceux des autres pays et peut-être gardèrent-ils leurs traditions religieuses avec plus de fidélité qu'on ne le fit partout ailleurs, ce qu'explique parfaitement l'esprit foncièrement religieux du peuple flamand. Aussi est-ce à l'époque même où les médecins des autres pays se laissaient gagner par le rationalisme protestant et où certaines Facultés abandonnaient saint Luc pour se remettre sous l'égide d'Hippocrate, que le corps médical de Bruges fait une profession de foi solennelle.

Les documents écrits sont relativement peu nombreux et, malgré leur valeur, ne nous suffiraient pas pour faire un travail complet, mais en étudiant les sceaux ou les armoiries des diverses corporations médicales du pays, il nous sera possible de montrer l'unanimité des sentiments religieux des anciens praticiens flamands.

---

quod primum faciet senior *pro consuetudine hactenus quotannis servata et fiet sine excessibus.* »

On est même en droit de conclure du passage, mis en italique, que la tradition remontait à une date bien plus ancienne, sans doute à la fondation même de la Faculté. D'autres faits qu'il serait trop long de rapporter ici, nous autorisent à croire en effet que saint Luc fut dès le début reconnu comme patron. Il y avait du reste, dans la Collégiale de Saint-Pierre, un autel, spécialement consacré à saint Luc et près duquel fut inhumé en 1577, le docteur Jacques Van der Varent, d'Audenarde, maître en arts et docteur en médecine, chanoine prébendier de la collégiale et professeur ordinaire de la Faculté de médecine, qui avait été trois fois recteur de 1549 à 1562. (Eloy, *Dictionnaire Historique de la Médecine Ancienne et Moderne* ; tome IV, p. 479).

1ᵉʳ §. — Les Médecins.

Dans la plupart des localités, les médecins ne formaient pas de groupes constitués, ayant leur règlement et leurs coutumes. En effet, aussitôt après leur sortie de la Faculté où ils avaient conquis leur titre, ils vivaient isolés, exerçant leur art selon les lois du pays et sous le contrôle du Magistrat ; ce n'est qu'au dix-septième siècle qu'apparaissent, dans quelques grandes villes, des sociétés de médecine.

Le plus souvent ces fondations furent dues aux autorités souveraines ou communales qui voulaient, en groupant les médecins, leur fournir des moyens nouveaux de se perfectionner, s'en servir pour surveiller les actes des praticiens de rang inférieur, ou les mettre à même de prescrire les mesures d'hygiène nécessaires. Il va de soi que ces institutions, d'origine purement administrative n'adoptèrent pas de coutumes religieuses : aussi l'histoire du *Collège Général de Médecine de Lille* et des *Collegia Medica* belges ne nous rapporte-t-elle l'existence d'aucune tradition de ce genre.

Mais si nous étudions les souvenirs, laissés par les sociétés de la Flandre belge, créées par l'initiative privée, nous voyons au contraire qu'à Gand, à Tenremonde et à Bruges, les médecins s'affichaient publiquement comme chrétiens.

A *Gand*, la *Ghilde* des médecins avait une chapelle particulière, située en l'église Saint-Nicolas, où ses membres allaient faire leurs dévotions et faisaient célébrer un service annuel pour les défunts. Lorsqu'en 1783, le collège voulut rendre un hommage public à la mémoire du célèbre anatomiste Palfyn, c'est dans l'église Saint-Jacques qu'il plaça la plaque commémorative et plus tard le monument, destinés à rappeler et à honorer le grand homme (1).

A *Tenremonde*, le *Collège de Médecine* avait placé sur son sceau, avec les armes de la ville, une figure en pied de saint Luc, recon-

---

(1) Ces deux monuments existent encore dans l'église Saint-Jacques, de Gand et sont appliqués contre les derniers piliers de la grande nef, avant d'arriver au transsept. Celui de gauche est la pierre commémorative, placée d'abord, et portant le moulage des mains de fer. Celui de droite représente une femme voilée, pleurant sur le cercueil de Palfyn.

naissable à la gloire qui entoure sa tête et au bœuf, placé derrière lui. Le saint tient en mains un livre ouvert et semble enseigner. Autour se lit l'inscription : SIGILLUM COLL. MED. TENERA- MUNDANY (1).

Fig. 1. — Sceau du Collège de Médecine de Tenremonde

Fig. 2. — Sceau de la Société St-Luc de Bruges

A *Bruges*, ce fut un des praticiens les plus distingués de la ville, qui se fit le promoteur de la création d'une société médicale. Thomas Van den Berghe, plus connu sous le nom de *Montanus*, réunit chez lui ses collègues, le 11 octobre 1662, et leur proposa de fonder une confrérie perpétuelle ; sa motion fut adoptée par les sept médecins présents qui signèrent avec lui une déclaration, décidant l'institution d'une association « *à la gloire de Celui de qui dérive toute guérison, en l'honneur de la Vierge, mère de Dieu, et de saint Luc, le médecin.* »

Un règlement définitif (2), signé de onze associés, et approuvé par le Magistrat de Bruges, le 22 décembre 1665, consacra la fondation et fixa son but et son fonctionnement. Ce n'est pas le lieu d'étudier ici les diverses prescriptions qui y sont renfermées et qui

---

(1) F. DE VIGNE. — *Mœurs des anciennes Corporations de Métiers*, planche XXIX, n° 6. C'est d'après cet ouvrage que nous avons reproduit les sceaux des diverses sociétés de médecins et de chirurgiens de la Flandre belge.

(2) Voir, à la fin de ce travail, le texte original de la déclaration et le règlement, d'après DEMEYER. (*Notice Historique sur la Société Medico-Chirurgicale de Bruges*, p. 28 et suivantes).

faisaient de la *Confrérie de Saint-Luc,* un véritable syndicat professionnel ; mais nous tenons à faire remarquer pourtant que l'article XXII des statuts impose à tous les adhérents l'obligation du *secret professionnel*, en leur ordonnant, sous peine de punition arbitraire, de cacher les maladies ou les infirmités de leurs clients, à l'exemple d'Hippocrate.

Nous devons toutefois insister sur la partie religieuse du règlement: tout y était ordonné pour honorer saint Luc et rapporter à son culte les principaux actes de la société. C'est dans le mois, précédant sa fête, que se payait la cotisation. Le 18 octobre, les confrères, en costume soigné, devaient assister le matin à une messe, dite à la chapelle du Saint-Sacrement, en l'église Notre-Dame, et le soir prendre part à un banquet avant lequel se faisait l'élection du président. Le lendemain un service était célébré pour le repos de l'âme des confrères défunts.

Le sceau qui fut adopté par la société, représentait la figure en buste de saint Luc, vêtu d'une robe bordée d'hermine, portant un rabat et tenant en mains un livre ouvert : la tête était surmontée d'une auréole. Près de lui se voit la tête du bœuf mystique et tout autour se trouve la légende : « SALUTAT VOS LUCAS MEDICUS, 1687 (1) ».

A côté de ces professions de foi publiques, faites par des corps médicaux, nous pourrions apporter de nombreux exemples des sentiments religieux intimes de la masse des médecins flamands et citer notamment le nombre considérable des médecins qui reçurent les ordres, après avoir exercé leur profession pendant plusieurs années, comme Sanders (de Gand) et Mellez (de Douai), ou le nombre non moins étendu des fils de médecins qui embrassèrent l'état ecclésiastique. On sait du reste que la Faculté de Louvain, dont relevait une grande partie de la Flandre, est une de celles où le corps professoral compte le plus d'ecclésiastiques. Nous ne citerons que pour mémoire les ouvrages de piété ou de philosophie mystique, écrits par plusieurs

---

(1) DEMEYER donne, dans ses *Analectes Médicaux de Bruges*, une reproduction du sceau en question, mais la grandeur et la régularité de l'exécution nous ont empêché de la prendre : nous lui avons préféré le dessin de DE VIGNE, qui nous a paru plus exact. La forme générale des deux est du reste identique.

médecins de Flandre, et les nombreuses et importantes donations, faites par certains d'entre eux aux hôpitaux du pays.

2° §. — LES CHIRURGIENS.

Les sentiments intimes des chirurgiens n'étaient pas moins religieux que ceux des médecins, et si leur éducation première et leur situation sociale ne leur permirent pas d'avoir avec l'état ecclésiastique les mêmes rapports qu'eurent leurs rivaux, nous trouvons bien d'autres preuves de leur orthodoxie.

Ne sait-on pas que PALFYN, l'anatomiste gantois, dont nous avons déjà cité le nom, dédiait son ostéologie « *au Souverain Maître et Médecin de l'âme et du corps* (1) ? ». Le chirurgien MICHIEL DE SWAEN, poète dunkerquois des plus distingués, consacrait son talent à célébrer en vers les mystères et les beautés de la religion chrétienne. Parmi ses principales œuvres, nous citerons :

Zedelycke Rym-Wercken en chrystelycke gedachten.
Leven en Dood van onsen saligmacker Jesus-Christus.
Hed gebod der Liefde, ons door Christus gegeven.
Triomf van het christen geloof over d'afgodery in de Martely (2).

Un chirurgien-barbier de Gand, Jan de Wale, plaçait sur son cachet particulier, un écusson portant les trois lettres consacrées : « I-H-S » (3).

Du reste, il est beaucoup plus facile de constater l'unanimité des sentiments de chirurgiens parce que, de bonne heure, ils eurent, dans toutes les villes quelque peu importantes, des corporations constituées, ainsi que le faisaient tous les corps de métiers, et tandis que les associations médicales ne paraissent qu'au dix-septième siècle, dès le quatorzième nous trouvons la trace des sociétés de chirurgiens.

Dès cette époque, en effet, *Bruges* avait une corporation, fondée

---

(1) Dédicace de sa *Nieuwe Osteologie*, publiée en 1701.

(2) *Annales du Comité Flamand de Flandre*, passim. Ces quatre titres signifient :
    1° Poésies morales et pensées chrétiennes.
    2° Vie et mort de notre sauveur Jésus-Christ.
    3° Le Commandement de la Charité que nous a donné le Christ.
    4° Triomphe de la Foi chrétienne sur l'idolâtrie dans le Martyre.

(3) DE VIGNE, loc. cit., planche xxx, n° 5.

sous le patronage de *saint-Côme* et de *saint-Damien*, et qui comptait, d'après Demeyer (1), des membres distingués. Elle avait près du Bourg et sous les murs mêmes de la chapelle du Saint-Sang, une réunion, appelée *Het Steen*, où les membres tenaient séance à époques fixes. Une chapelle qu'elle entretenait à ses frais, lui était réservée dans l'église Saint-Jacques et était placée sous le vocable de ses patrons.

Le 18 août 1427, elle décida de fonder une messe solennelle qui serait dite en sa chapelle, le 27 septembre de chaque année, et où devaient assister tous ses membres : c'est le 28 août 1432 seulement que le doyen signa, avec le curé et les marguilliers de l'église, l'acte qui établissait ce service en l'honneur des patrons de la corporation (2).

Lorsque les troubles religieux bouleversèrent la Flandre au seizième siècle, Bruges ne fut pas épargnée et la chapelle de Saint-Côme-Saint-Damien, de même que l'église Saint-Jacques, fut dévastée, en 1579, par les protestants (3). La corporation la restaura pourtant : mais c'était une lourde charge pour elle, et, le 31 janvier 1636, elle dut solliciter des échevins l'autorisation de doubler les droits que payait chaque nouveau maître à son entrée dans la corporation et qui d'ailleurs étaient de tout temps consacrés à l'entretien de la chapelle (4).

Cependant cette chapelle attirait toujours un grand concours de monde depuis qu'une lettre épiscopale de 1475, accordait des faveurs particulières à tous ceux qui allaient y prier ou qui faisaient une offrande en sa faveur. A la demande de la corporation, Robert de Haynin, évêque de Bruges, institua, par lettres spéciales du 27 avril 1666, une *confrérie de Saint-Côme-Saint-Damien*, qui était ouverte aux fidèles des deux sexes et avait son siège dans la chapelle ; il renouvela aussi les faveurs, attachées par son prédécesseur à la fréquentation du sanctuaire (5).

La terrible épidémie de 1666, en effrayant considérablement la population brugeoise, donna du reste une nouvelle impulsion au culte

---

(4) Demeyer. *Notice Historique*, page 10 et suivantes.
(1) *Archives Provinciales de Bruges*, 12-9.
(2) Demeyer. *Notice Historique*, page 12.
(3) *Archives Provinciales de Bruges*, 39-15.
(4) Ibidem, 42-15.

des deux saints. Les membres de la corporation rétablirent à l'instigation de leur doyen, Jean de Backer, le service solennel du 27 septembre qui fut célébré cette année par l'évêque lui-même. Le chirurgien Adrien Van Middelen qui avait en sa possession les reliques et le tableau commémoratif (1), heureusement sauvés lors du sac de la chapelle, les y réintégra (2). Messire Robert de Haynin déclara, le 28 septembre 1667, que les reliques étaient authentiques et en autorisa la vénération par le peuple (3).

On sait que l'église Saint-Donat renferme dans son trésor le *Saint Sang de N.-S.*; il était naturel que les chirurgiens de Bruges vénérassent cette précieuse relique. Le jour de la procession du Saint-Sang était en effet la fête principale de la corporation et c'est ce jour que les chirurgiens de l'Ecluse, d'après les accords de 1423, 1446 et 1562, devaient apporter quatre stoopen du meilleur vin, en témoignage de leur vassalité (4). Un document de 1517 montre d'ailleurs que, de temps immémorial, un banquet réunissait les chirurgiens en ce jour, comme à la fête de saint Côme et saint Damien (5).

Fig. 3. — Sceau de la Corporation des Chirurgiens de Bruges.

Fig. 4. — Sceau de la Corporation des Chirurgiens d'Audenarde.

Le sceau de la corporation représentait les deux saints debout en

---

(1) Ce tableau très ancien représentait le martyr de saint Côme et de saint Damien.
(2) DEMEYER. *Notice Historique*, page 13.
(3) *Archives Provinciales de Bruges*, 43-5.
(4) Ibidem, 11-6, 13-18: 31-25.
(5) Ibidem, 20-14. Ils chômèrent longtemps aussi la Saint-Barthélemy.

robe longue, bordée d'hermine, tenant d'une main un livre et de l'autre une fiole : leur tête était ceinte d'une gloire. Au pourtour, on lit l'inscription « SIGILLUM CHYRURGIÆ BRUGENSIS. »

A *Gand*, les chirurgiens-barbiers avaient d'abord pour patron saint *Bartholomée* (Barthélemy) et célébraient le 25 août leur fête patronale: mais, en 1532, Pierre Veldeman, étant devenu doyen, décida ses confrères à substituer saint Côme et saint Damien à leur ancien protecteur et à reporter la fête du corps au 27 septembre. Bien que combattue par plusieurs membres au nom des traditions, cette proposition fut acceptée par le métier et ratifiée, le 26 septembre de la même année, par une sentence des Échevins de Gand qui déboutait de leur plainte les neuf opposants (1). Malgré cette décision, les chirurgiens gantois (2) conservèrent sur leurs armes la lancette et le rasoir traditionnels, comme l'ont aussi fait ceux d'Ypres (3).

D'autres corporations de la Flandre belge étaient encore placées sous le patronage de saint Côme et de saint Damien. Celle d'*Audenarde* notamment avait sur son cachet, outre l'inscription «SOCIETAS SS. COSME ET DAMIAN. ALDENARDŒ», la figure des deux saints. L'un, vêtu d'une robe, bordée d'hermine, est coiffé d'un chaperon et s'appuye de la main gauche sur un bâton, tandis que de la droite il porte une fiole allongée. L'autre, plus petit, est vêtu d'une robe, garnie d'une pélerine, et coiffé d'un bonnet carré, sa main droite tient un vase rebondi tandis que la gauche élève une baguette.

A Bruxelles même, car les coutumes brabançonnes ressemblaient fort aux coutumes flamandes, la corporation des chirurgiens-barbiers, le *Barbitanbac* (Barbit-Ambacht) reproduisait aussi sur son sceau (4) les deux saints entre les armoiries de la ville et celles de la corporation qui portaient une paire de ciseaux et une lancette droite (5).

---

(1) Prudens Van Duyse. *Archives de Gand*, page 332.

(2) De Vigne. *Recherches Historiques sur les Anciennes Corporations de Métiers*, planche xi.

(3) Borel d'Hauterive. *Armorial de Flandre, Hainaut et Cambrésis*, d'après d'Hogier.

(4) De Vigne. *Mœurs des Anciennes Corporations de Métiers*, planche xxx, n° 4.

(5) Sur ce cachet, les deux saints sont représentés d'une manière toute particulière. L'un, vêtu de la robe longue à col herminé, tient de la main

Si maintenant nous passons aux corporations, établies dans la Flandre Française, nous voyons, d'après l'*Armorial Général* de d'Hozier, que toutes s'étaient mises sous l'égide de saint Côme et de saint Damien, que toutes en ont placé les figures dans leurs armoiries, mais sous des aspects différents.

A *Douai*, les deux saints, vêtus de longues robes noires et coiffés du bonnet carré de même couleur, sont debout sur une terrasse et l'un d'eux enseigne, tandis que l'autre présente un coffret à remèdes ou à instruments. A *Dunkerque*, tous deux sont habillés d'une longue robe violette, recouverte d'un manteau rouge et portent le bonnet carré de même nuance : leur main gauche tient un livre ouvert, symbole de l'enseignement, et leur droite, une fiole ou un coffret (1).

A *Lille*, les armoiries primitives de la corporation représentaient les deux saints assis, la tête, entourée d'une gloire d'or (2). Mais ces armoiries furent changées à la fin du XVIIIe siècle et remplacées par celles des chirurgiens de Paris, avec une légère modification

---

droite une fiole à large goulot et à panse rebondie, l'autre, au contraire, habillé d'une tunique courte, et chaussé de brodequins à haute tige, porte de la main gauche un mortier et de la droite un pilon. Tous deux ont à la ceinture une large aumônière triangulaire et sont coiffés d'un bonnet haut et pointu, ressemblant à un obus : nulle part ailleurs, nous n'avons retrouvé cette coiffure spéciale.

(1) Le corps des chirurgiens de la ville de Douay :
« D'argent à un saint Cosme et saint Damian de carnation, habillez de
» sable et coiffés de bonnets quarez de même, le premier gesticulant de
» sa main gauche et le second tenant devant soy entre les siennes un petit
» cofret de gueules et tous deux posez sur une terrasse de sinople. »
La communauté des chirurgiens de Dunkerque :
« D'argent à saint Cosme et saint Damien sur une terrasse de sinople,
» à côté l'un de l'autre, ayant le visage et les mains de carnation, vêtus de
» gueules et de pourpre, ayans chacun un bonnet quarré de gueules sur
» leurs têtes, tenant l'un une fiolle d'argent et l'autre une boette de même
» de leurs mains dextres et un livre ouvert de leurs mains senestres et un
» dauphin d'azur, crête et oreillé de gueules, posé en chef et séparé du
» reste par un trait de sable. »
(BOREL D'HAUTERIVE. *Armorial de Flandre*, d'après D'HOZIER).

(2) Le corps des chirurgiens de Lille :
« De gueules à deux figures de saint Cosme et de saint Damian, assises
» d'argent, leurs testes entourées d'une gloire d'or. »
(Ibidem).

toutefois : en effet leur nouvel écusson portait, outre les trois boîtes à pilules, un serpent rampant, posé en face, la tête tournée à dextre (2).

Fig. 5. — Armoiries des Chirurgiens de Lille après 1760.

Nous ne savons quelle est la cause de cette modification, car l'article vii de la Déclaration Royale de 1772 sur les chirurgiens de Flan-

---

(2) En tête du Catalogue de la Corporation des chirurgiens de Lille, en 1792. — Collection Quarré Reybourbon.

dre (1), stipule que « *les Collèges des Maîtres en Chirurgie des villes du ressort du Conseil de Douai continueront de porter pour armoiries celles dont ils sont en possession.* »

Fig. 6. — Armoiries des chirurgiens de Dunkerque

Les traditions religieuses des chirurgiens de la Flandre française sont du reste attestées par d'autres preuves que les armoiries de leurs corporations. A Lille notamment, les maîtres en chirurgie avaient une chapelle particulière et le droit d'entrée de vingt-quatre florins, payé par chaque nouveau maître lors de son admission, devait être appliqué à son entretien, d'après l'article IV de l'ordonnance du Magistrat, en date du 9 octobre 1714 : la chapelle devait de plus partager par moitié, avec la Bourse commune des Pauvres, toutes les amendes, prononcées contre un chirurgien, pour contravention au règlement (2).

Aussi la Déclaration Royale dont nous venons de parler, ne fit-elle que confirmer les usages anciennement établis, en ordonnant aux collèges de chirurgie de faire célébrer, le jour de la fête de saint Cosme et de saint Damien, une Messe solennelle, des vêpres et un salut en l'honneur de leurs patrons. Le lendemain une grand'messe devait également être dite pour le repos de l'âme des confrères défunts (Art. XXVII).

---

(1) Recueil des Edits, Arrêts, Lettres Patentes, Ordonnances, etc. — Lille, 1772.

(2) *Recueil des principales Ordonnances de MM. du Magistrat de la Ville de Lille.* — Edition 1772, p. 418

Avant de passer aux apothicaires, faisons remarquer que les corporations des chirurgiens de Valenciennes (1) et de Tournay (2), les deux villes principales du Hainaut, avaient placé saint Côme et saint Damien dans leurs armoiries, comme les corporations de Flandre. A Condé, au contraire, la confrérie portait simplement « *de gueules à une lancette d'argent* (3). » Quant à Cambrai, la seule ville du Cambrésis qui eût une corporation de chirurgien, celle-ci avait pris « *de gueules à une teste de mort d'or posé en pointe et un trépan d'argent, posé en pal* (4). »

3 §. — Les Apothicaires.

Les documents que nous possédons sur les villes de la Flandre belge, ne nous ont pas révélé de traditions particulières aux apothicaires et l'étude des armoiries ou des sceaux de leurs corporations ne nous ont rien appris sur leurs coutumes religieuses, sauf pourtant en ce qui concerne ceux d'Ypres.

En effet les apothicaires de *Gand* (5), de *Bruges* et des principales villes voisines portaient tous, comme armoiries, le *mortier d'or* et cet emblème se trouve reproduit sur les cachets particuliers, les jetons de

---

(1) La communauté des chirurgiens de Valenciennes :
« D'argent à deux saints de carnation, posez en pied sur une terrasse
» de sinople, un à dextre, vêtu de pourpre sur or, tenant devant soy une
» boette d'argent, et, l'autre à senestre, vêtu de sable, ayant un rabat
» d'argent, et tenant aussi devant soy une espatule de même, et en chef
» une lancette ouverte d'azur, garnie de sable. »
(Borel d'Hauterive. *Armorial de Flandre, Hainaut et Cambrésis*, d'après d'Hozier).

(2) La communauté des chirurgiens de la ville de Tournay :
« D'or à un saint Cosme et saint Damien afrontez de carnation, vêtus de
» gueules et de pourpre brodé d'or ; le premier, tenant de sa senestre une
» fiole d'argent, et le second tenant de la dextre une spatule de même et
» de sa senestre une fiole aussy d'argent ; le tout posé sur une terrasse de
» sinople. » (Ibidem).

(3) Ibidem.

(4) Ibidem.

(5) F. de Vigne. *Recherches Historiques*, planche xii.

comptabilité et même les pierres tombales des maîtres (1). Souvent il servait aussi d'enseigne aux épiciers sur la façade desquelles il se montrait en compagnie du bois de cerf et des serpents.

Au contraire, à Ypres et dans la Flandre française, les corporations s'étaient placées sous le patronage de sainte *Marie-Madeleine*; le fait s'explique assez facilement par la fusion ordinaire des apothicaires avec les épiciers et les parfumeurs à qui la dévotion à sainte Madeleine était tout indiquée. Les communautés de *Lille* (2) et d'*Ypres* (3) avaient mis son effigie dans leurs armoiries : celles de *Dunkerque* avait pris des armoiries profanes, il est vrai, mais elle n'en avait pas moins un caractère religieux bien marqué puisque le Doyen et le Serment rappellent dans une supplique, adressée au Magistrat, le 12 juillet 1755, que le corps est constitué sous le vocable de sainte Marie-Madeleine (4).

Les apothicaires de *Douai* n'avaient pas adopté la figure de la sainte, comme emblème héraldique; ils lui avaient préféré la représentation de la *Sainte-Trinité*, comme le montre l'*Armorial Général de Flandre* (5). Nous ne savons si les apothicaires de Valenciennes et

---

(1) F. DE VIGNE. *Mœurs des Anciennes Corporations*; pl. XXVI, n° 3; pl. XXX, n° 15 et pl. XXXI, n° 24.

(2) Le corps des Apotiquaires et Epiciers de la ville de Lille :
« D'azur à une figure de sainte Magdeleine d'argent, tenant de sa dextre
» une boete couverte de même et posée debout sur un piédestal aussi
» d'argent, chargé d'un écusson en bannière de gueules, surchargé d'une
» fleur de lis d'argent, la sainte accostée en face adextre d'un mortier avec
» un pilon aussi d'argent, et à senestre, d'un vase nommée chevrette de
» même. » (BOREL D'HAUTERIVE. — Loc. cit.)

(3) La communauté des marchands apothicaires de la ville d'Ipre :
« D'argent à une sainte Madeleine de carnation, à demi corps, vêtue de
» gueules et d'or, chevelée et la teste raisonnée de même, tenant sa dextre
» sur son sein, pour en arracher un collier de perles, et de sa senestre
» étendue tenant une boette couverte de sable, adextrée d'un crucifix de
» carnation, la croix de sable, posé sur une table couverte d'un tapis de
» sinople. » (Ibidem).

(4) BONVARLET. *Analectes Dunkerquois*; *Registre aux Résolutions du Magistrat du 16 février 1754 au 20 décembre 1760*.

(5) Le corps des Apotiquaires, Graissiers, Ciriers, Espiciers et Sucriers :
« D'argent à une sainte Trinité représentée par un vieillard assis de
» carnation, vêtu pontificalement d'une chape de gueules, brodée d'or,

de Tournai avaient des signes spéciaux : tout au moins n'ont-ils pas fait enregistrer d'armoiries par d'Hozier. Quant à ceux de Cambrai, ils s'étaient contentés de serpents et de coffrets à médicaments, et le fait est assez remarquable que, dans cette ville épiscopale, ni les chirurgiens, ni les apothicaires n'aient adopté d'insignes religieux.

Tels sont les documents que nous avons pu rassembler sur les traditions chrétiennes du corps médical de la Flandre ancienne : ils nous semblent assez nombreux et assez concordants pour permettre de conclure que les sentiments de foi et de piété étaient généraux parmi ses membres. Nous ferons surtout remarquer l'extension toute particulière du culte de saint Côme et de saint Damien, en raison du nombre et de l'importance des corporations de chirurgiens, établis dans le pays.

APPENDICE

INSTITUITUR CONFRATERNITAS MEDICA BRUGENSIS (1).

Ad Gloriam illius a quo est omnis medela, Deiparæ Virginis ac Sancti Lucæ Medici honorem, nos medici Brugenses unanimiter, et ex fraterno, et libero instinctu, congregati, confraternitatem instituimus perpetuam, nosque ipsos et ad vitam adstringimus unique Domino præposito, et duobus D. D. assistentibus adquævis monita, et quascumque citationes hujus promotioni utiles debite factas obedientiam spondemus. Ut sic firmiori et fraterno amore conjunctis, nec invidiæ, nec æmulationi detur locus, sed splendor artis medicæ promoveatur et sanitati ægrorum securius provideatur.

Ad hujus confraternitatis institutionem, incrementum et conservationem conferent singuli ipso inscriptionis die duodecim florenos. Et

---

» doublée d'azur et d'une thiarre de même, ayant la teste environnée d'un
» triangle rayonnant d'or et tenans de ses mains une croix haussée d'argent,
» sur laquelle est attaché un Christ de carnation, posé en pal entre ses
» genouils, et sommé d'un Saint-Esprit en forme de colombe, volante la
» teste en bas. »   (BOREL D'HAUTERIVE. Loc. cit.)

(1) DEMEYER. *Notice Historique sur la Société Medico-Chirurgicale de Bruges*, p. 28.

subsignabimus, obligabimusque nostros hæredes ad debitum (quisquis ad libitum, quantum voluerit) ut vocant causa mortis, post obitum ab iis persolvandum.

Omnes fratres solvent singulis annis pro debito, ut vocant, confraternitatis quatuor solidos uno mense aut circiter ante festum Sancti Lucae.

Ipso festo S. Lucæ omnes a famulo pridie de mandato Dom. Præpositi invitati honestioribus vestibus induti, accedemus sacellum Venerabilis Sacramenti in templo Divæ Virginis : (donec de sacello altero nobis sit provisum) audiemusque sacrum ad honorem S. Lucæ celebratum ibimusque ad offertorium singuli secundum ætatem promotionis academicæ in facultate medicâ.

Die subsequenti festo S. Lucæ celebrabitur in dicto sacello altera missa in refrigerium animarum D. D. confratrum defunctorum accedemusque offertorium, ut ante dictum, nisi legitimas quispiam excusationes præmiserit.

Omnes, qui ad prandium accedemus, solvemus expensas missarum et mensæ etc... pro quota.

Singulis annis ipso festo S. Lucæ, eligetur novus Dom. Præpositus ante innovationem secundæ mensæ.

Dominus Præpositus noviter electus cedet illa die computum missarum et mensæ præcedentis Dom. Præposito : in aliis tamen rebus gravioris momenti, D. Præpositus noviter electus imperabit.

Huic fuit primus conceptus Congregationis seu Confraternitatis S. Lucæ, anno millesimo sexcentesimo sexagesimo secundo, undecima Octobris.

Præsentibus et signantibus *D. Burchardo Wittemberghe, D. Thoma Montano, D. Lipzando de Meester, D. Joanne Chrisostomo Terwe, D. Cornelio Prussenaere, D. Cornelio Wallaeys, D. Francisco Geersen, D. Carolo Candrie,* Medicinæ Licentiatis, hic Brugis praticantibus.

ORDINATIONES ET STATUTA

CONFRATERNITATIS SANCTI LUCÆ MEDICI (1).

I. — Confraternitas S. Lucæ Medici instituta est Brugis Flandrorum, sub uno Domino præposito et duobus D. D. Assistentibus.

---

(1) DEMEYER. *Notice Historique,* p. 30.

II. — Nullus inscribi in hanc Confraternitatem permittetur, nisi litteras suas promotionis in Medicinâ doctoratus, aut Licentiæ legitime acquisitas in quâpiam Universitate juridictioni Suæ Regiæ Catholicæ Majestatis subditâ, aut privilegiatâ, exhibuerit Medico civitatis jurato, ac domino Præposito, aut alieni Confratrorum (sic) deputato.

III. — Quicumque volet esse Confrater, inscribet propriis manibus nomen suum in Registro confraternitati huic proprio, in signum quod se statutis ac ordinationibus ejus adstringat.

IV. — Inscribendus et in Confraternitatem S. Lucæ admittendus, juramentum præstabit D. D. Præposito et Assistentibus, quòd religiose et ad amussim observabit omnes has constitutiones. Solvetque, antequam subsignet aut nomen suum inscribat, duodecim florenos, si nempe nunc in præsenti Medicus Brugis habitet. Si vero ante expirationem anni 1665, in hanc confraternitatem non sit inscriptus, tanquam extraneus reputabitur, qui solvet octodecim florenos.

V. — Subsignabunt Confratres omnes, ipso inscriptionis die, debitum (ut dicitur causa mortis) quisque quantum voluerit, post obitum ab hæredibus persolvendum.

VI. — Omnes confratres solvent, singulis annis, pro debito, ut vocant, annuo confraternitatis, quatuor solidos, uno mense aut circiter ante festum S. Lucæ.

VII. — Singulis annis, ipso festo S. Lucæ, celebrabitur Sacrum in sacello Venerab. Sacramenti, in templo Divæ Virginis (donec de altero sacello nobis sit provisum), horâ undecimâ ante meridiem, et postridie eadem horâ et loco, aliud Sacrum pro Confratribus defunctis.

VIII. — Ipso festo S. Lucæ post Sacrum, omnes Confratres conferemus nos ad Locum ordinarium, aut alium a Domino Præposito denominatum, ut unâ, simul, honeste cum omni modestiâ et sine scandalo prandeamus.

IX. — Omnes Confratres obligantur interesse utrique Sacro, ac accedere ad Offertorium, sub mulctâ, pro cujusque defectu, quatuor solidorum.

X. — Ad offertorium ibunt Confratres secundum ætatem promotionis Academicæ : præcedet Dominus Præpositus, quamquam junior.

XI. — Dominus Præpositus, aliquo tempore ante festum S. Lucæ, convocari jubebit omnes Confratres, ut subsignent, si mensæ velint interesse (nullus invitus cogatur) ; et qui tunc subsignaverint, aut ore consenserint, obligabuntur ad expensas mensæ, ob quamcumque causam se absentent, saltem ad sex solidos.

XII. — Ob res huic Confraternitati necessarias aut utiles, Dominus Præpositus poterit citare Confratres sub mulctâ : minima erit sex assium.

XIII. — Cum citatio fit ad horam V. G. secundam, qui post advenerit, reus erit mulctæ trium assium, ne tempus inutiliter teratur ; qui ante tertiam non adfuerit, solvet sex asses.

XIV. — Electio D. D. Præpositi et Assistentium fiet ipso festo die S. Lucæ post Sacrum, ante innovationem secundæ mensæ.

XV. — Dominus Præpositus si non continuetur, ipso jure fit primus Assistens.

XVI. — Omnes qui ad prandium accedemus, solvemus expensas Missarum et mensæ, etc..., quisque pro quota.

XVII. — Dominus Præpositus noviter electus cedet illa die computum : Missarum, mensæ, etc... præcedentibus D. D. Præposito et Assistentibus : in rebus vero gravioris momenti, recens D. Præpositus imperabit, cui omnem tribuemus honorem, reverentiam et obedientiam.

XVIII. — Qui in congregationibus Confratrum indiscrete aut inhoneste se gesserit, mulctari poterit.

XIX. — Nullus Confratrum circumferet aut divendet Medicamenta per civitatem, sub pœnâ sex florenorum primâ vice, secundâ vice duodecim florenorum, et tertiâ vice sub mulctâ arbitrariâ a cœtu seu congregatione ordinatâ (quinque autem numero Confratres faciunt congregationem, præcipue si cæteri præmoniti et citati fuerint) ; et qui quartâ vice peccaverit, delebitur e numero Confratrum, nec ullus cæterorum Confratrum cum eo visitabit, aut consultationes inibit sub pœna 24 florenorum.

XX. — Simili mulctæ etc... subjicietur, qui chyrurgicum aliquot opus exercuerit in Chyrurgorum detrimentum.

XXI. — Omnes fratres sibi mutuo honorem debitum præstabunt, tam privatim quam publice, nec exprobrabunt cuipiam Confratrum errores aut defectus, aut vilipendent personam aut studia, sub mulcta quatuor solidorum : at si in re gravi, sub arbitrariâ correctione et mulctâ.

XXII. — Omnes confratres patientium aut ægrotorum suorum

morbos aut defectus celabunt ad imitationem Hippocratis, idque sub mulctâ arbitrariâ.

XXIII. — Nullus Confratrum obligabit ægrum ad alium quam æger voluerit Pharmacopaeum aut Chyrurgum, idque sub mulctâ, etc...

XXIV. — Nullus Confratrum accedet secundâ vice consultationem cum medico non Confratre, sub mulctâ quatuor solidorum, nisi fortasse sit Medicus alterius civitatis, ad consultandum advocatus.

XXV. — Confratres, ad consilia vocati, sincere et prudenter ad ægri consultationem procedent, ac sine rixa et ostentatione judicia sua proferent, et Medico domestico suum relinquent honorem et reputationem, nec studebunt eum excludere, per se aut per alios. Execulio consultationis committetur Medico domestico postquam congregationis senior resultans consultationis aut ægro aut adstantibus exposuerit, sub mulctâ arbitrariâ.

Ordinationes has et statuta Confraternitatis S. Lucæ Medici, expostulantibus D. *Thoma Montano*, pro tempore *Præposito*.

D. D. *Burchardo Wittemberghe* et *Joe Chrisostome Terwe*, Assistentibus.

D. D. *Cornelio Prussenaere*, *Cornelio Wallaeys*, *Carolo Candrie*, *Francisco Geerssens*, *Guilielmo de Tief*, *Francisco Van Bogaerde*, *Petro Volaeo*, *Joanne Baudens*, Confratribus.

Approbavit nobilissimus et prudentissimus Magistratus Brugensis, die vigesima secunda Decembris anni millesimi sexcentesimi sexagesimi quinti, subsignante *Henr. le Gillon*, ejus Magistratus Greffiano.

Lille Imp. L. Danel.

LILLE, IMPRIMERIE L. DANEL.

www.ingramcontent.com/pod-product-compliance
Lightning Source LLC
Chambersburg PA
CBHW060455050426
42451CB00014B/3339